DIERCKE GEOGRAPHIE
9/10

Sachsen-Anhalt

Arbeitsheft

Autorinnen
Notburga Protze
Margit Colditz
unter Mitwirkung der
Verlagsredaktion

W0402121

westermann

Inhaltsverzeichnis

Dieses Heft wird bearbeitet von:

Vorname _______________ *Name* _______________

Name der Schule _______________ *Klasse* _______________

Globalisierung: Arbeit mit Sachtexten

1. Analysiere den Sachtext „Fair-Trade-Reisen“ im Schulbuch, Seite 16. Orientiere dich an der Schrittfolge.

Thema	
Jahr	
Verfasser	
Quelle	
zentrale Aussage	
unbekannte Begriffe	
wesentlicher Inhalt	
für mich wichtige Aussagen	

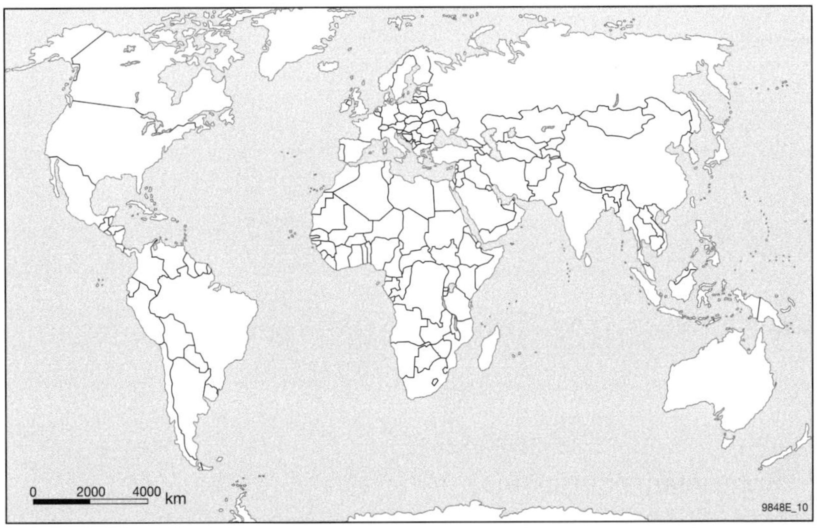

2. a) Lies den Text „Ein Chip geht um die Welt“ im Schulbuch, Seite 17.
b) Zeichne den Weg des Chips in die Karte ein und kennzeichne dabei mit Nummern den Anfang der Produktion, die weiteren Stationen und den Endpunkt.
c) Ermittle die ungefähr zurückgelegte Wegstrecke.

_______________ km

3. Löse das Kreuzworträtsel.

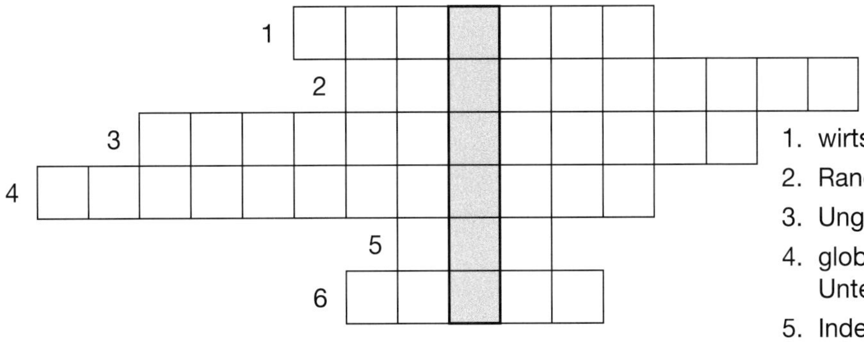

1. wirtschaftlicher Kernraum
2. Randgebiet
3. Ungleichheiten
4. global agierendes Unternehmen
5. Index zum Entwicklungsstand von Ländern
6. asiatisches Wirtschaftsbündnis

Lösung

____

Angloamerika: Orientierung

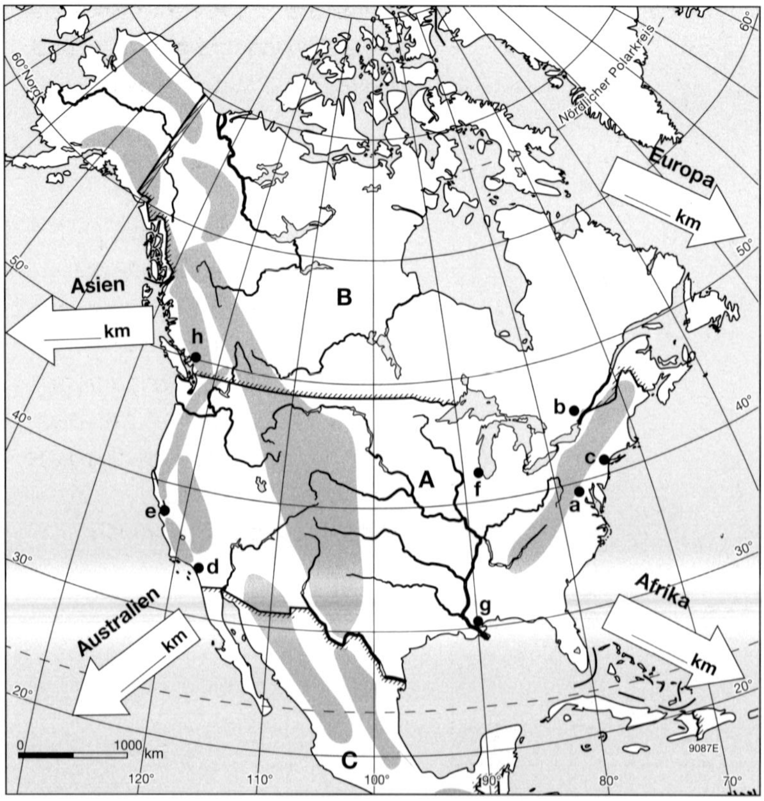

1. Beschreibe die Lage Angloamerikas im Gradnetz (Atlas).
   Breite: ________ – ________
   Länge: ________ – ________
2. Gib die Ausdehnung Angloamerikas an (Atlas).
   Nord-Süd: ________ km
   West-Ost: ________ km
3. Bezeichne die Meere/Meeresteile, Inseln/Halbinseln und Flüsse/Seen in der Karte.
4. Benenne die in der Karte eingetragenen Länder und Städte.
5. Miss die Entfernungen zu den anderen Kontinenten und trage sie in die Pfeile in der Karte ein.
6. Suche im Atlas Städte, die auf der gleichen Breite liegen wie New Orleans und Anchorage/Alaska. Ziehe ein Fazit.

4

Meere/Meeresteile
I Pazifischer Ozean
II Atlantischer Ozean
III Golf von Mexiko
IV Hudson-Bay (Hudsonbai)
V Beringstraße

Inseln/Halbinseln
Grö Grönland
Al Alaska
Lab Labrador
Neu Neufundland
Flo Florida

Flüsse/Seen
1 Mississippi-Missouri
2 Mackenzie
3 Colorado
4 St.-Lorenz-Strom
5 Große Seen
6 Großer Bärensee

Länder und Städte

A ________________________
B ________________________
C ________________________
a ________________________
b ________________________
c ________________________
d ________________________
e ________________________
f ________________________
g ________________________
h ________________________

Breitenlage

Städte, die auf der gleichen Breite liegen wie New Orleans (_____ ° n. Br.):

____
____
____

Anchorage (_____ ° n. Br.):

____
____

Fazit: ________________________
____
____

Angloamerika: Großlandschaften

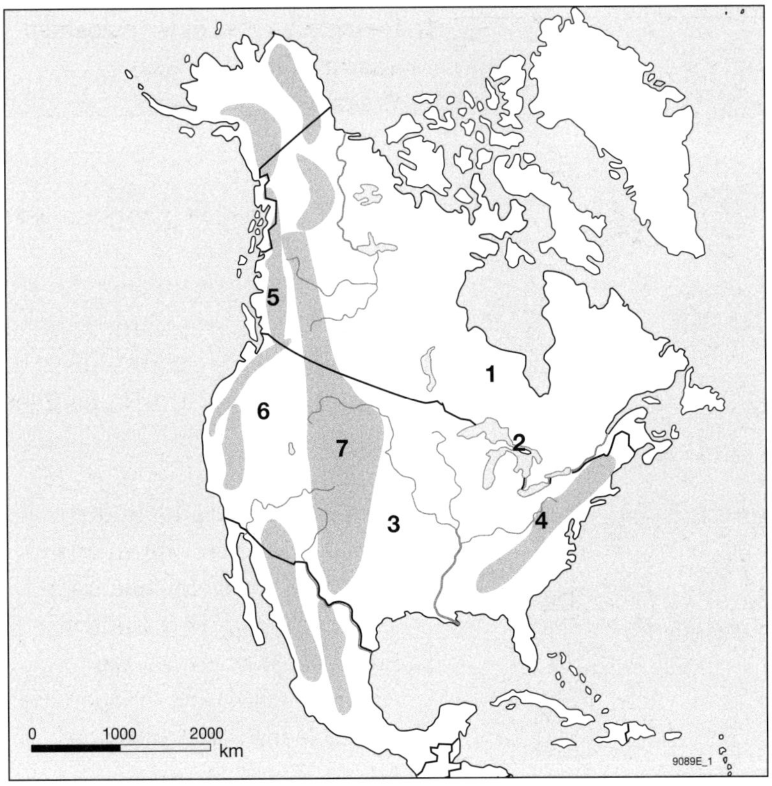

1. Wähle drei in der Karte eingetragene Großlandschaften aus und benenne sie in der Tabelle.

2. Ordne ihnen zutreffende Merkmale zu:
Hochgebirge, Verkehrswege, Erze, Senkungsgebiet, Mittelgebirge, Löss, Flussablagerung, Kohle, glaziale Ausräumungsbecken, Bruchschollengebirge, Landwirtschaftsgebiet, glaziales Abtragungsgebiet, Faltengebirge, gehobenes Tafelland.
Nutze dazu das Schulbuch und den Atlas.

5

1. ______	2. ______	3. ______
Merkmale:	Merkmale:	Merkmale:
______	______	______
______	______	______
______	______	______
______	______	______

3. Kreuze jeweils das richtige Satzende an.

a) Das Relief von Nord- und Südamerika
☐ weist viele Unterschiede auf. ☐ ist von West nach Ost ähnlich gegliedert. ☐ ist insgesamt sehr flach.

b) Der Kanadische Schild wurde geprägt durch
☐ Vulkanismus. ☐ Wasser. ☐ Eis.

c) Amerika wird von Nord nach Süd durchzogen vom Gebirge
☐ Kordilleren. ☐ Anden. ☐ Appalachen.

d) Die Niagara-Wasserfälle liegen im
☐ Brasilianischen Bergland. ☐ Gebiet der großen Seen. ☐ Coloradoplateau.

e) Die Prärie ist eine Landschaft im
☐ Tiefland. ☐ Mittelgebirge. ☐ Bergland.

Angloamerika: Klima

1. Ordne den Klimadiagrammen die Klimastationen zu. Trage die entsprechende Ziffer in die Kreise ein: 1 Kap Barrow, 2 Chicago, 3 Death Valley. Benenne die jeweilige Klimazone.

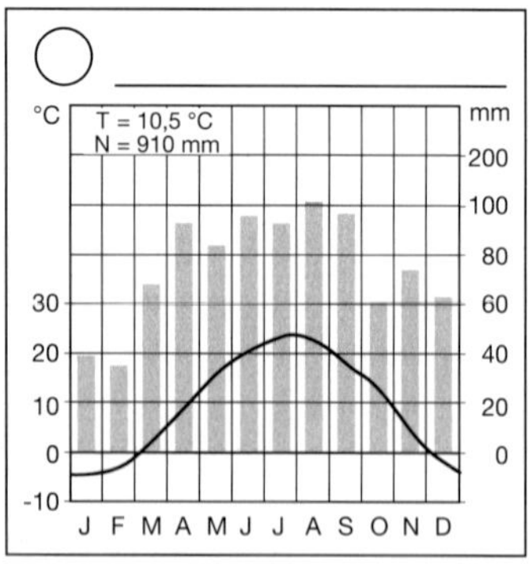

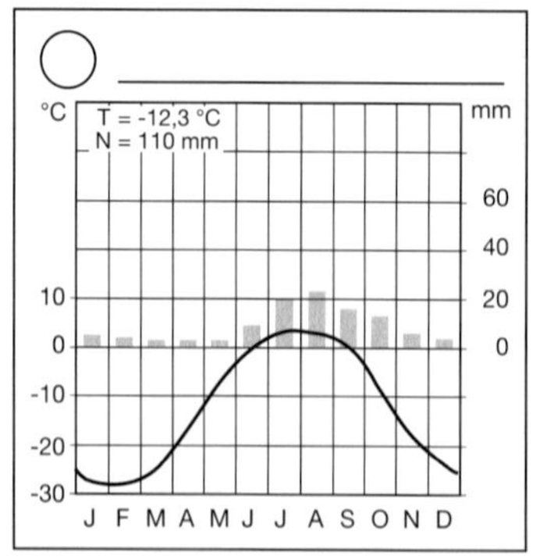

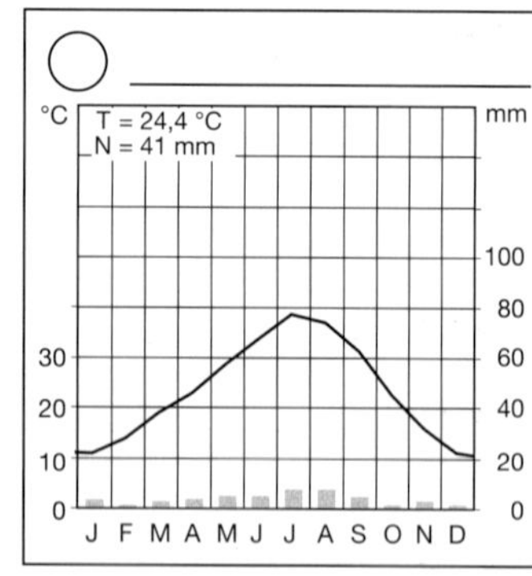

2. Benenne die meteorologischen Erscheinungen.

3. Vergleiche das Klima von Kap Barrow und Death Valley.

Klimamerkmale	**Kap Barrow**	**Death Valley**
Breitenlage	______ ° ___ . Br.	______ ° ___ . Br.
Höhenlage	______ m ü. M.	______ m ü. M.
Jahrestemperatur	______ °C	______ °C
Temperaturverlauf		
Jahresniederschlag	______ mm	______ mm
Niederschlagsverteilung		

Ursachen: ______________________________

USA: Orientierung

1. Beschreibe den in der Abbildung dargestellten Teil der USA im Gradnetz (Atlas).

Breite: ____________ – ____________

Länge: ____________ – ____________

2. Ermittle die Ausdehnung der USA (Atlas).

Nord-Süd: ______________ km

West-Ost: ______________ km

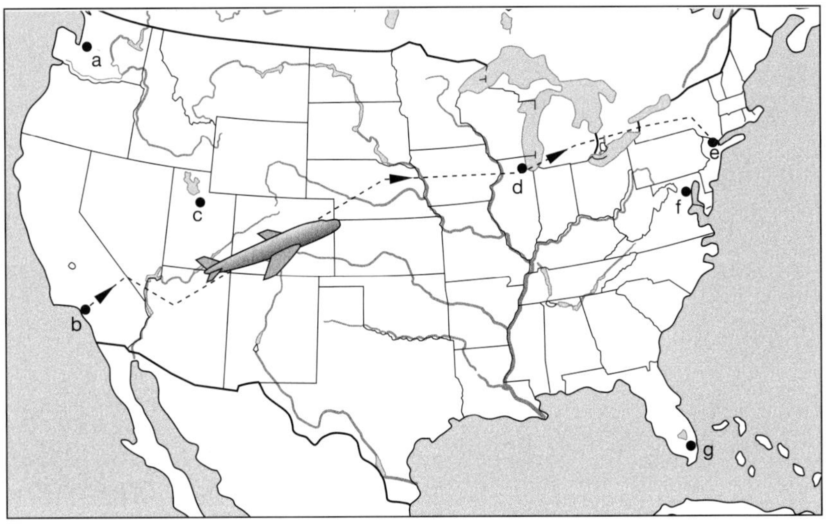

1 ____________________ 4 ____________________ 7 ____________________

2 ____________________ 5 ____________________ 8 ____________________

3 ____________________ 6 ____________________ 9 ____________________

3. Benenne die in der Karte eingetragenen Städte.

a ____________________

b ____________________

c ____________________

d ____________________

e ____________________

f ____________________

g ____________________

4. Wir starten unseren Überflug in Los Angeles und enden in New York. Ermittle Bundesstaaten, die überflogen werden. Trage die Ziffern in die Karte ein (Atlas).

5. Nenne Merkmale des American Way of Life, die auch deinen Lebensvorstellungen entsprechen. Nutze auch die Zeichnungen.

____

____

____

____

____

____

____

____

USA: Wirtschaft

1. Überprüfe die Richtigkeit der nachfolgenden Aussagen. Kreuze an und berichtige die Fehler.

Standortvorteile für die Entwicklung der USA zur Wirtschaftsmacht Nr. 1

	richtig	falsch	Berichtigung (falls erforderlich)
Lage des Landes zwischen Atlantik und Pazifik	☑	☐	
große Flächen fruchtbaren Bodens	☑	☐	
Lage vorwiegend in der tropischen Zone	☐	☑	
kleiner Inlandsmarkt	☐	☑	
hohe Finanzkraft	☑	☐	
Reichtum an Rohstoffen und Energieressourcen	☑	☐	
Planwirtschaft	☐	☐	
immer neue Technologien	☐	☐	
Abwanderung von Fachkräften	☐	☐	

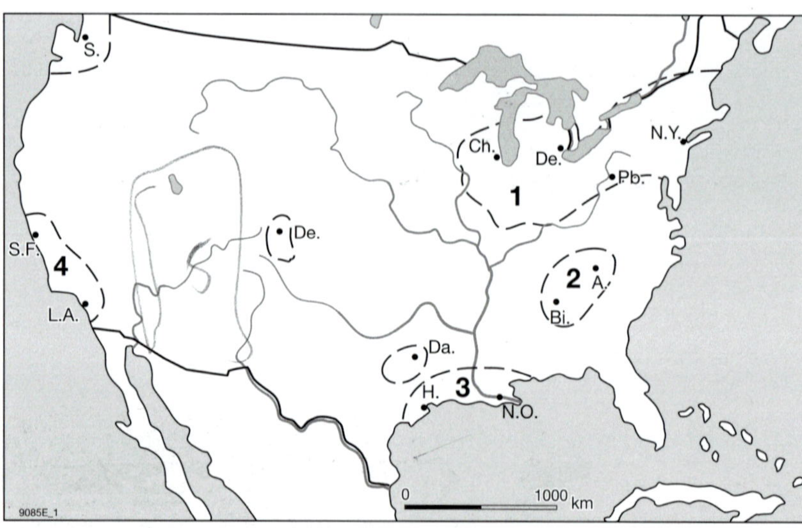

2. Benenne die Industriegebiete (Atlas).

1 Manufacturing Belt

2 südliche Appalachen

3 Appa Golfküste

4 Sillicon Valley

3. Zeichne in die Karte ein wichtiges Landwirtschaftsgebiet ein (Atlas).

5 Milchwirtschaft

4. Beschreibe die Verteilung der Industriegebiete.

Die Industrie gebiete sind eher in den Küsten der USA. Es gibt nur wenige Ausnahmen. Es liegt ist wegen dem Industriefaktor/

5. Stelle die Anteile der drei Wirtschaftsbereiche in einem Streifendiagramm farbig dar. Nutze die Daten aus dem Schulbuch, Seite 37.

☐ Landwirtschaft ☐ Industrie ☐ Dienstleistungen

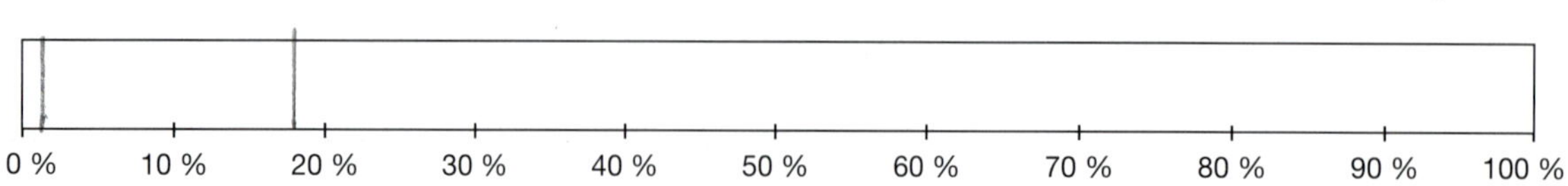

USA: Strukturwandel

Wandel eines Industriegebietes: Manufacturing Belt

1. Nenne Standortfaktoren, die zur Herausbildung dieses Industriegebietes führten.	**2.** Nenne Gründe, warum der Manufacturing Belt zum „Rust Belt“ wurde.
- Rohstoffpotenzial (Eisenerz- und Kohlevorkommen)	- veraltete Technik
- großes Arbeitskräftepotenzial	- große Überproduktion von Stahl
- frühzeitige Verkehrsanbindung (Hochsee-, Binnenschifffahrt, Eisenbahn)	- nicht konkurrenzfähig
- gesicherte Energieversorgung (Wasser-, Wärmekraftwerke)	- Wertverlust von Stahl
- liberaler Wirtschaftsgeist	
- freies Unternehmen, hohes privates Investitionskapital	
- positive Einstellung zu Arbeit	

3. Beschreibe den Strukturwandel des Manufacturing Belt.

Durch die veraltete Technik und der Überproduktion und Wertverlust von Eisen, war wurde der Manufacturing Belt wirtschaftlich nicht mehr attraktiv wodurch die Arbeiter aus dem Belt auswichen und in attraktivere

Wandel in der Landwirtschaft

4. Nenne Merkmale der industriellen Landwirtschaft (Agrobusiness).

Ackerbau

-
-
-
-

Viehwirtschaft

-
-
-
-

Australien

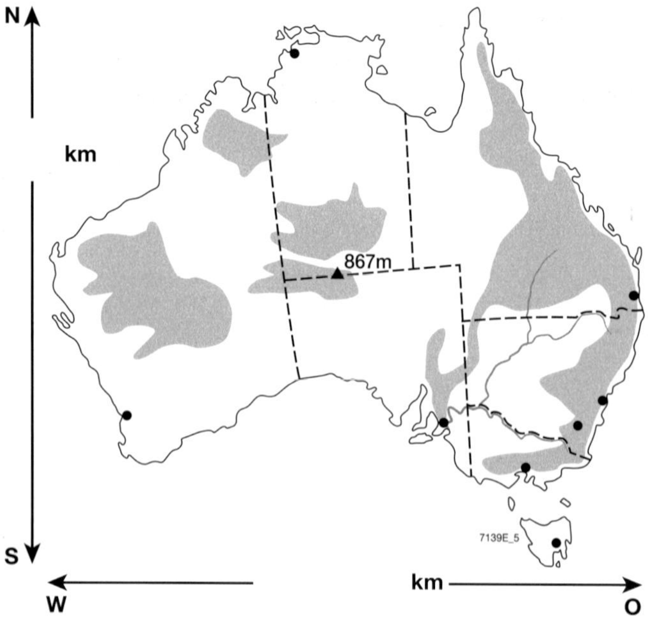

1. Ermittle die Lage im Gradnetz (Atlas).

   von __________ bis ___________ Br.

   von __________ bis ___________ L.

2. Miss die Nord-Süd- und die West-Ost-Ausdehnung. Trage die Werte in die Skizze ein (Atlas).

3. Lege eine Legende zur Karte an und benenne die Objekte in der Karte.

Legende zur Karte

4. Kreuze an, ob die Aussagen richtig oder falsch sind. Berichtige die Fehler.

Aussage	richtig	falsch	Berichtigung (falls erforderlich)
Das Ostaustralische Bergland hat überwiegend Mittelgebirgscharakter.			
Es treten oft Vulkanausbrüche und Erdbeben auf.			
Australien ist der trockenste Kontinent.			
Artesisches Wasser ist Gletscherwasser.			
Viele Tiere und Pflanzen kommen nur in Australien vor.			
Australien ist ein rohstoffreiches Land.			
Die wichtigsten Handelspartner sind afrikanische Staaten.			

Australien: Ein Beziehungsgeflecht erstellen

1. Erstelle ein Beziehungsgeflecht unter Nutzung der Schrittfolge, Seite 70.
a) Analysiere Geo- und Humanfaktoren Australiens. Trage die Ergebnisse in die Kästchen ein.
b) Kennzeichne Wechselbeziehungen zwischen einzelnen Faktoren durch Verbindungslinien. Begründe die Zusammenhänge mündlich.

Relief

Wasser

Industrie

Klima

Australien: Grenzen der Raumnutzung

Bergbau

Lage

Tier- und Pfanzenwelt

Landwirtschaft

Ozeanien

1. Vergleiche Vulkan- und Koralleninseln. Vervollständige die Tabelle.

	Vulkaninseln (hohe Inseln)	Koralleninseln (flache Inseln)
Skizze		
Entstehung		

2. Beschreibe, welche Auswirkungen die Kleinheit der Inseln und ihre weit verstreute Lage auf die wirtschaftliche Nutzung Ozeaniens haben. Nutze dazu Schulbuch und Atlas.

Viele kleine, weit verstreut liegende Inseln

Landwirtschaft	Fischfang	Bergbau
landwirtschaftliche Nutzung:	Meerestiere:	Ausstattung mit Bodenschätzen:
Anbaukulturen:	Fischerei:	Phosphat:
Kokospalme – Baum des Lebens:		
Probleme		

Ordnungssysteme und Weltmeer

1. Ordne den topographischen Begriffen die passenden geographischen Begriffe zu: *Polarklima, Breitenkreis, Vulkan, Mitteleuropäische Zeit (MEZ), Dornsavanne, Orient, Entwicklungsland.* Nenne das jeweilige Ordnungssystem.

Topographischer Begriff	Geographischer Begriff	Globales Ordnungssystem
Saudi-Arabien	*Orient*	
Nepal		
Sahelzone		
Arktis		
Deutschland		
Äquator		*Gradnetz*
Chimborazzo		

2. Fertige eine Mindmap zur Nutzung oder zur Gefährdung des Weltmeeres an.

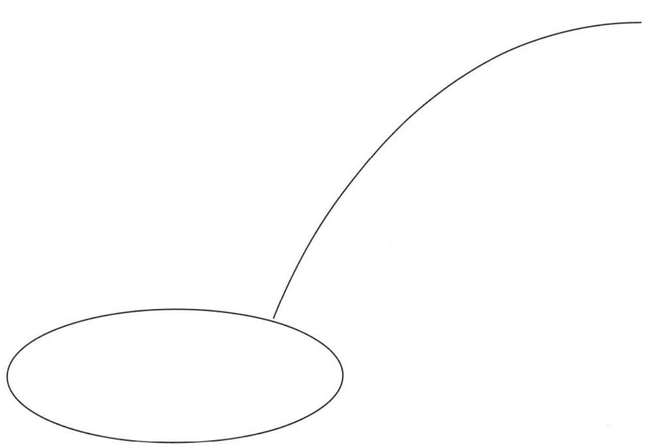

Schulbuchseite: 89

Polargebiete im Vergleich

1. Bezeichne bzw. benenne in den beiden Karten die topographischen Objekte (Atlas).

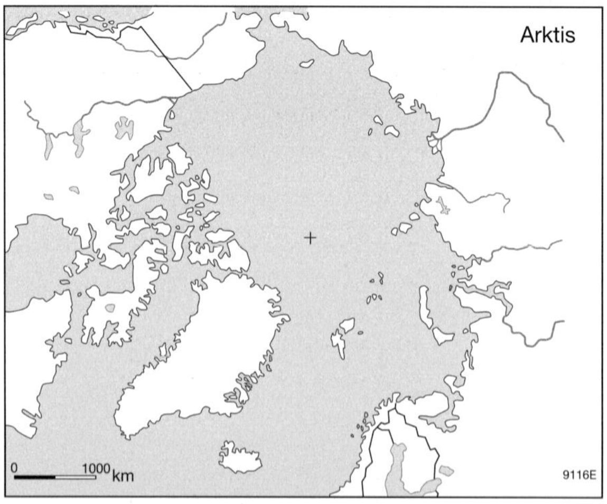

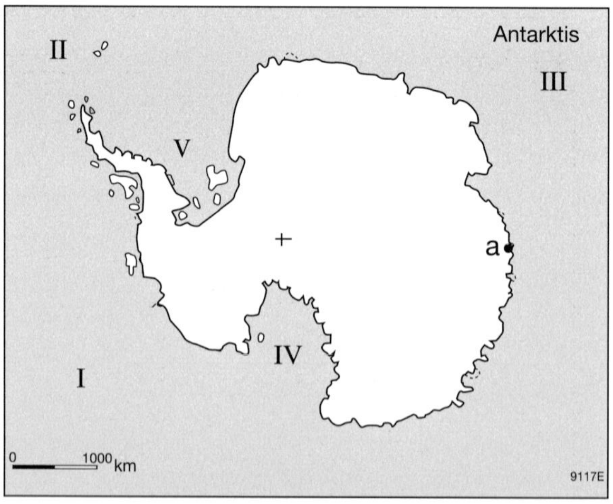

I Pazifischer Ozean
II Atlantischer Ozean
III Nordpolarmeer

A Amerika
B Europa
C Asien

a Grönland
b Alaska
c Skandinavien
d Spitzbergen
e Nowaja Semlja

I ______________________
II ______________________
III ______________________
IV ______________________
V ______________________
a ______________________

2. Analysiere die Polargebiete. Nutze dazu auch das Internet. Trage die Ergebnisse in die Tabelle ein. Vergleiche beide Gebiete (mündlich).

ARKTIS	**ANTARKTIS**
Anteil an Meer bzw. Land	
überwiegend: (______________________ meer)	überwiegend: (Kontinent ______________________)
Eisbedeckung	
auf dem Meer: *etwa 93 %* auf Grönland: ______________	auf dem Meer: *etwa 2 %* auf dem Kontinent: ______________
Form der Eisberge und Skizze	
  ______________________	 ______________________

Polargebiete im Vergleich

Klima	
Klimazone: ______________________	Klimazone: ______________________
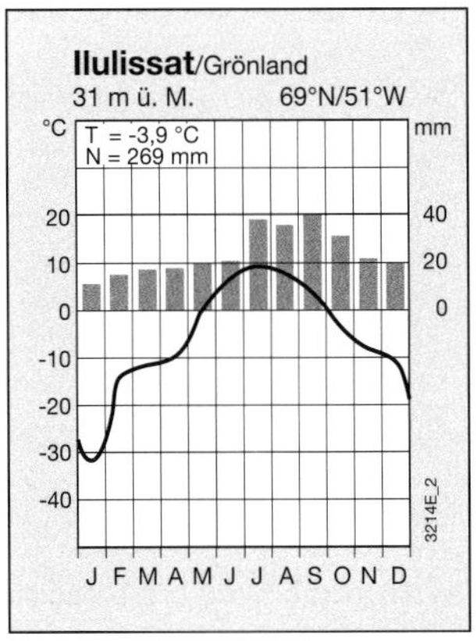	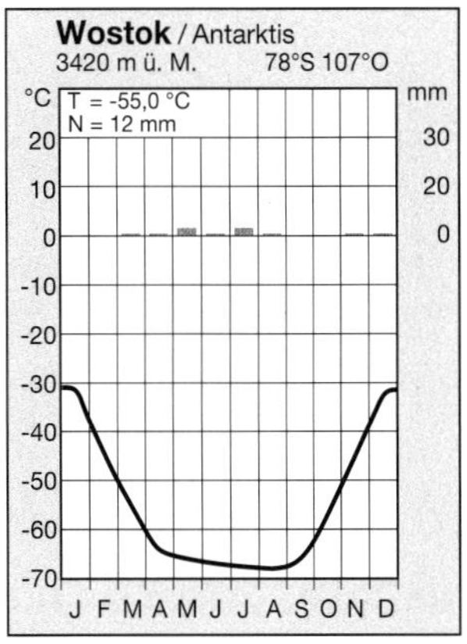
Januar: ____°C Juli: _____ °C Mittel: _____ °C	Januar: ____°C Juli: _____ °C Mittel: _____ °C
Jahresniederschlag: ______________ mm	Jahresniederschlag: ______________ mm
Nutzung	
______________________________ ______________________________ ______________________________ ______________________________	______________________________ ______________________________ ______________________________ ______________________________

3. Werte die Satellitenbilder zum Nordpolargebiet aus (Schulbuch, Seite 88). Nutze Atlas und Internet.

Titel der Satellitenbilder/ Aufnahmedaten	
Name des Satelliten	
Lage/ Lagebeziehungen	
Raumveränderungen im Vergleich	
Ursachen für Raumveränderungen	
Auswirkungen auf das Leben und Wirtschaften	

Europäische Union

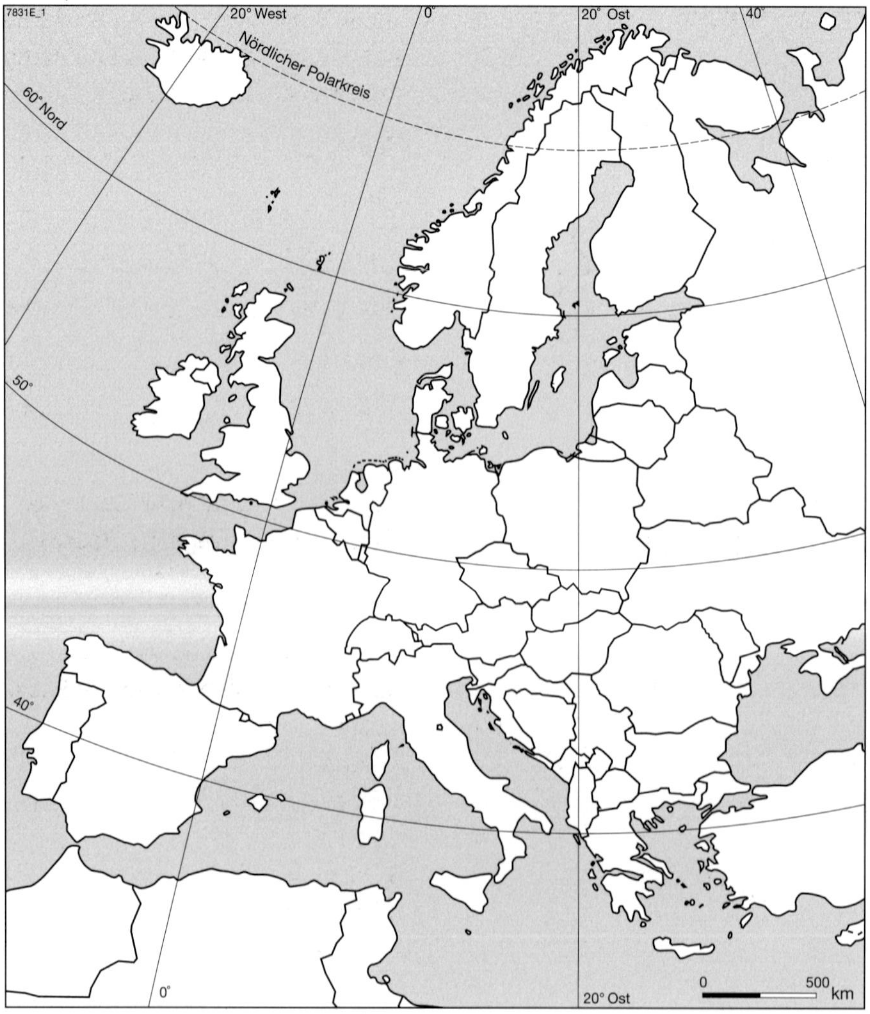

1. Trage in die Karte die EU-Mitgliedsstaaten ein. Gestalte die Karte nach den Beitrittsjahren farbig.

seit 1957 ☐
1 Deutschland
2 Belgien
3 Frankreich
4 Italien
5 Luxemburg
6 Niederlande

seit 1973 ☐
7 Großbritannien
8 Irland
9 Dänemark

seit 1981 ☐
10 Griechenland

seit 1986
11 Spanien
12 Portugal

seit 1995 ☐
13 Österreich
14 Schweden
15 Finnland

16

Folgende Länder sind seit 2004 ☐ bzw. seit 2007 ☐ Mitglieder der EU:

16 ____	20 ____	24 ____
17 ____	21 ____	25 ____
18 ____	22 ____	26 ____
19 ____	23 ____	27 ____

2. Nur eine Antwort ist richtig. Kreuze sie an.

a) In welchem Land ist der Euro nicht die offizielle Währung?
- ☐ Großbritannien
- ☐ Malta
- ☐ Slowakei
- ☐ Portugal

b) Seit wann ist Rumänien EU-Mitglied?
- ☐ 1986
- ☐ 1995
- ☐ 2004
- ☐ 2007

c) Welches europäische Land ist nicht EU-Mitglied?
- ☐ Finnland
- ☐ Norwegen
- ☐ Schweden
- ☐ Dänemark

d) Wofür steht der Begriff „Euregio“?
- ☐ Europäisches Parlament
- ☐ Europäischer Rechnungshof
- ☐ Grenzüberschreitende Zusammenarbeit
- ☐ Europäische Politik

Deutschland: Orientierung

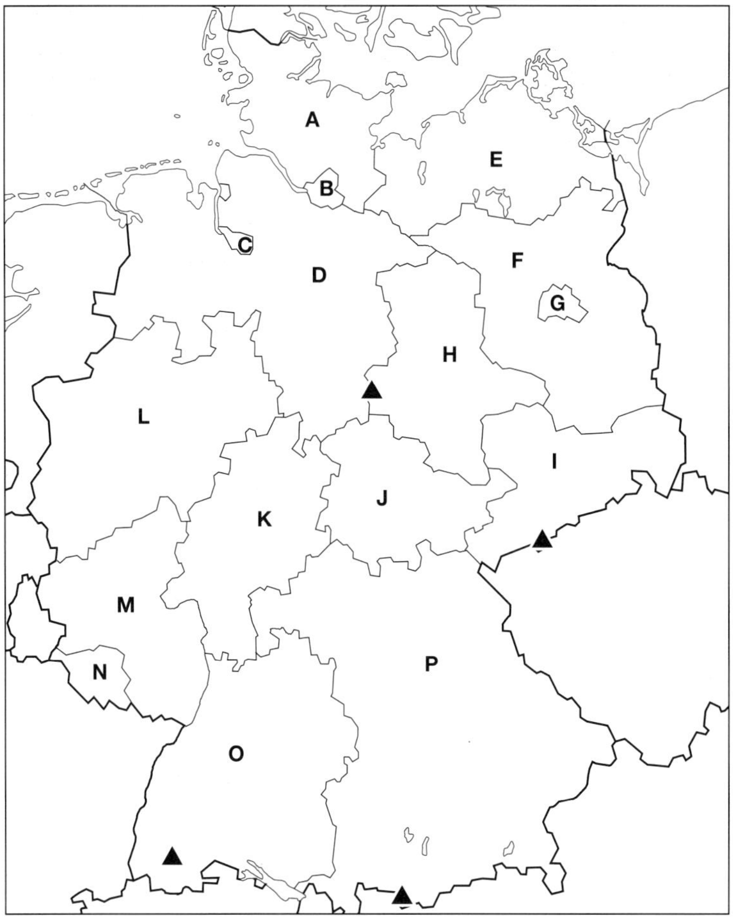

1. Ermittle die Lage Deutschlands im Gradnetz sowie seine Ausdehnung, Fläche und Einwohnerzahl.

Breite: ________ – ________

Länge: ________ – ________

Nord-Süd: ____________ km

West-Ost: ____________ km

Fläche: ____________ km^2

Einwohnerzahl: ________ Mio.

2. Benenne die Bundesländer in der Tabelle unten. Trage die Hauptstädte in die Karte ein.

3. Zeichne folgende Flüsse in die Karte ein und kennzeichne die Seen.

1 Rhein
2 Donau
3 Elbe
4 Saale
5 Oder
6 Bodensee
7 Müritz

4. Zeichne die Gebirge ein und benenne die höchsten Erhebungen der Gebirge.

I Alpen	▲	______________________	(________ m)
II Harz	▲	______________________	(________ m)
III Schwarzwald	▲	______________________	(________ m)
IV Erzgebirge	▲	______________________	(________ m)

A ________ – ________ (a Kiel)	I ________________ (i Dresden)
B Hansestadt ________________	J ________________ (j Erfurt)
C Hansestadt ________________	K ________________ (k Wiesbaden)
D ________________ (d Hannover)	L ________ – ________ (l Düsseldorf)
E ________ – ________ (e Schwerin)	M ________ – ________ (m Mainz)
F ________________ (f Potsdam)	N ________________ (n Saarbrücken)
G ________________	O ________________ (o Stuttgart)
H ________ – ________ (h Magdeburg)	P ________________ (p München)

Deutschland: Wirtschaftsräumliche Gliederung

1. Benenne die bedeutendsten Verdichtungsräume Deutschlands ① – ⑪.

2. Begrenze in der Karte die Metropolregion Mitteldeutschland.

3. Zeichne je einen Agrar- und Erholungsraum Deutschlands und Sachsen-Anhalts in die Karte ein. Nutze unterschiedliche Farben.

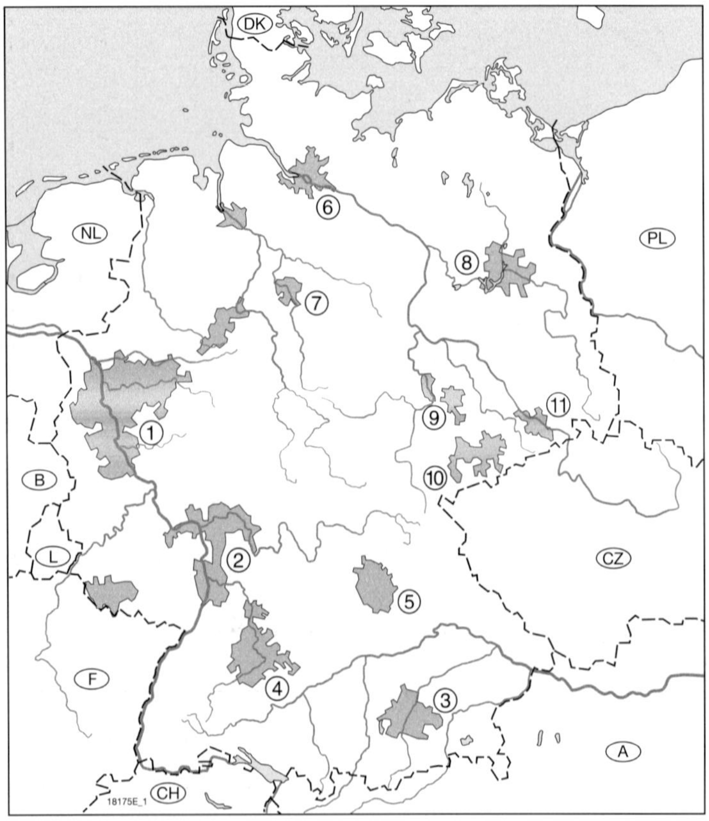

① ______________________

② ______________________

③ ______________________

④ ______________________

⑤ ______________________

⑥ ______________________

⑦ ______________________

⑧ ______________________

⑨ ______________________

⑩ ______________________

⑪ ______________________

◯ Metropolregion Mitteldeutschland

☐ Agrarraum

☐ Erholungsraum

4. Nenne Merkmale von Verdichtungsräumen.

- ______________________
- ______________________
- ______________________
- ______________________
- ______________________

5. Ordne den Wirtschaftssektoren je zwei Betriebe/Unternehmen/Institutionen/Einrichtungen aus Sachsen-Anhalt zu.

Primärer Sektor	Sekundärer Sektor
______________________	______________________
______________________	______________________

Tertiärer Sektor	Quartärer Sektor
______________________	______________________
______________________	______________________

Schulbuchseiten: 101, 102, 107 und 119

Ruhrgebiet

1. Benenne die in der Karte bezeichneten Städte, Flüsse und Kanäle (Atlas).

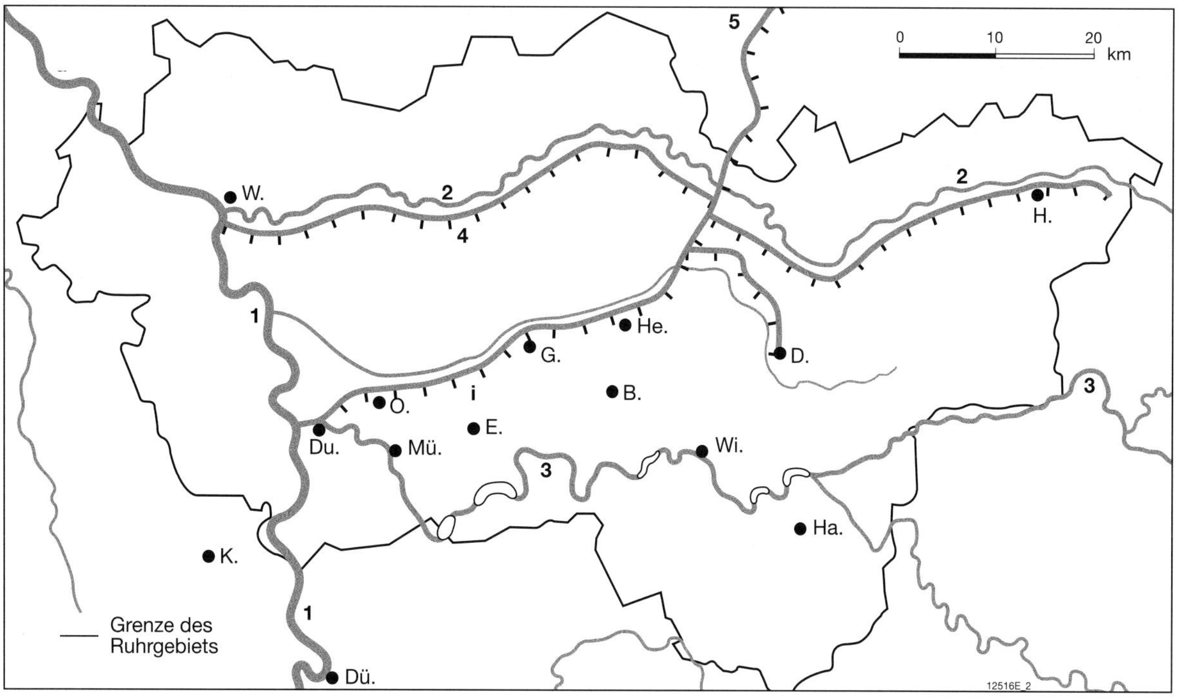

Städte				**Flüsse/Kanäle**	
B.	______	He.	______	1	______
D.	______	K.	______	2	______
Du.	______	Mü.	______	3	______
Dü.	______	O.	______	4	______
E.	______	W.	______	5	______
G.	______	Wi.	______		
H.	______				
Ha.	______				

2. Nenne Standortfaktoren, die für die Herausbildung des Ruhrgebietes verantwortlich waren.

______

______

______

______

______

______

______

3. Das Ruhrgebiet hat sich gewandelt. Bringe die Aussagen in die richtige zeitliche Abfolge. Schreibe dazu die Ziffern 1 bis 10 vor die jeweilige Aussage.

- ☐ Moderne Industrien werden angesiedelt.
- ☐ Menschen verlieren ihre Arbeit.
- ☐ Eisenerz und Stahl werden erzeugt.
- ☐ Steinkohle wird im Tiefbau gefördert.
- ☐ Neue Arbeitsplätze entstehen.
- ☐ Zechen, Eisenhütten und Stahlwerke schließen.
- ☐ Immer mehr Menschen ziehen ins Ruhrgebiet.
- ☐ Ein Verdichtungsraum entsteht.
- ☐ Erdöl ersetzt Steinkohle, Kunststoffe ersetzen Stahl.
- ☐ Freizeiteinrichtungen, Einkaufszentren werden gebaut.

Metropolregion Mitteldeutschland

1. Berichte über das Potenzial der Städte Jena, Magdeburg und Zwickau, die zur Metropolregion Mitteldeutschland gehören (vgl. Schulbuch, Seite 119, Aufgabe 3).

metropolregion
mitteldeutschland

Jena	Magdeburg	Zwickau

2. Wähle einen Betrieb oder eine Branche in deiner näheren Umgebung aus. Trage in die Kästchen ein, welche Standortfaktoren für die Auswahl bestimmend waren (+) oder nicht (–).

Die Qualität der Standortfaktoren bestimmt die Auswahl des Standortes

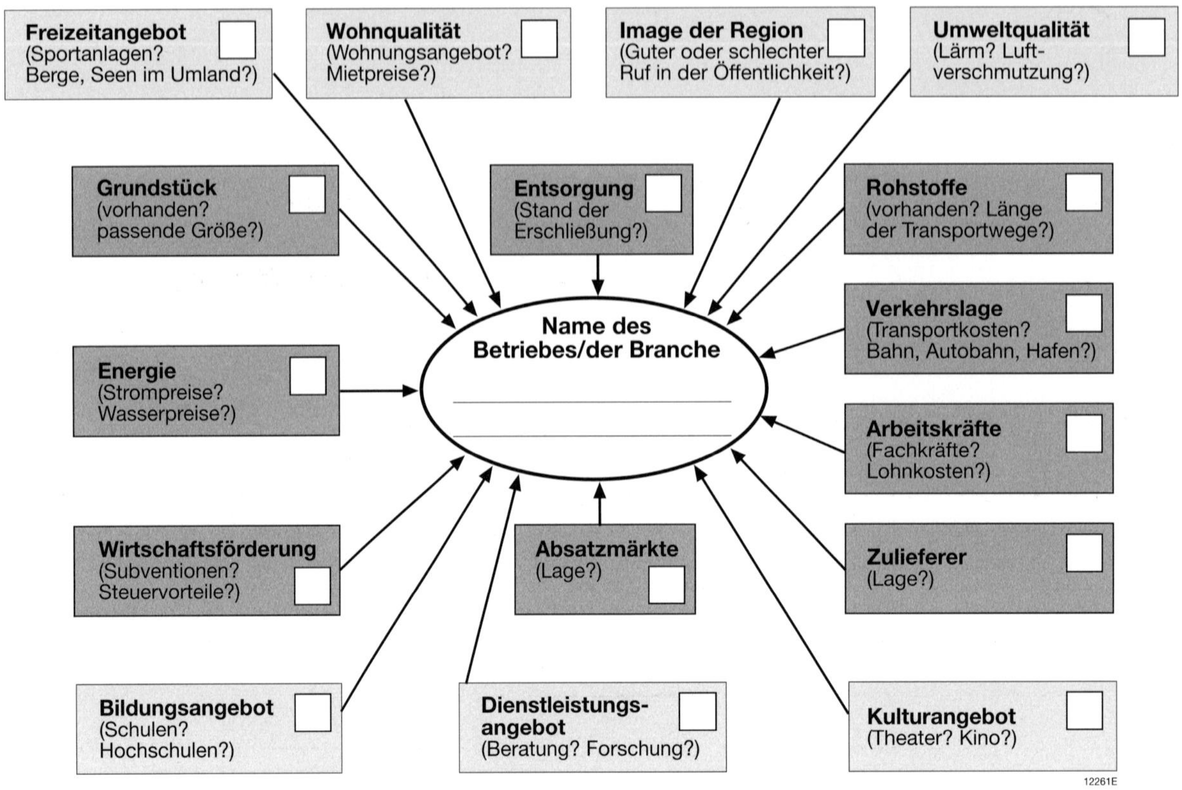

harter Standortfaktor   weicher Standortfaktor

Raumplanung und Raumentwicklung

1. Nenne Aufgaben des Landesentwicklungsplanes (LEP) von Sachsen-Anhalt.

- ______________________________
- ______________________________
- ______________________________
- ______________________________
- ______________________________

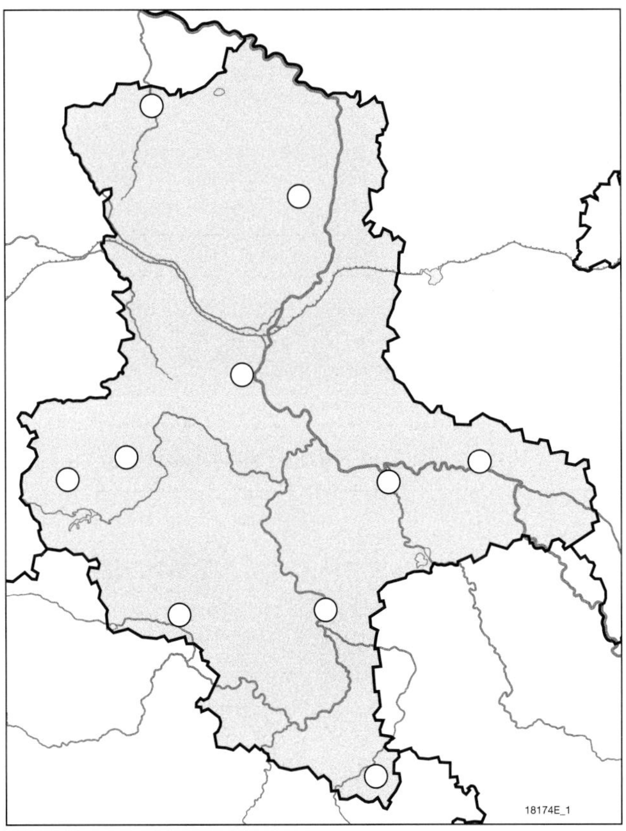

2. Benenne folgende zentrale Orte und trage sie in die Karte mit unterschiedlichen Farben ein:
- die drei Oberzentren (a – c)
- die zwei Mittelzentren mit Teilfunktionen eines Oberzentrums (d, e). Nutze das Schulbuch, Seite 117, M3)

a ______________________________

b ______________________________

c ______________________________

d ______________________________

e ______________________________

3. Bezeichne in der Karte die ausgewählten Mittelzentren:

f Salzwedel

g Wernigerode

h Sangerhausen

i Zeitz

j Lutherstadt Wittenberg

4. Kennzeichne in der Karte die Entwicklungsachsen von europäischer Bedeutung farbig ☐.

5. Bereite eine Pro-und-Kontra-Diskussion zum Nordausbau der Bundesautobahn A 14 vor. Trage dazu Für und Wider zusammen.

Für	Wider

Kernprobleme und Syndrome des Globalen Wandels

1. Ordne die Kernprobleme des Globalen Wandels den einzelnen Subsphären der Natur- und Anthroposphäre zu.

Biosphäre

Atmosphäre

Hydrosphäre

Pedosphäre

Bevölkerung

Wirtschaft

2. Das Raubbau-Syndrom

a) Nenne Merkmale des Raubbau-Syndroms und beschreibe seine Verbreitung.

Merkmale	Verbreitung

b) Erstelle ein Ursache-Wirkungs-Schema zu Eingriffen und Folgen.

Eingriffe in den Naturhaushalt	Folgen für Natur und Mensch

Nutzung der Erde

1. Gib einen Überblick über die vielfältige Nutzung der Erde durch den Menschen. Nenne je ein Beispiel.

Nutzungsart	weltweit	Deutschland/Sachsen-Anhalt/ Heimatraum
Landwirtschaft		
Bergbau		
Industrie		
Tourismus		*Erzgebirge/Wintersport*
Verkehr		
Besiedlung	*größte Stadt in Asien: Tokio/Japan*	

2. Beschreibe an einem selbst gewählten Beispiel aus deinem Heimatraum, dass die Nutzung Folgen für Mensch und Natur hat.

____

____

____

____

3. Ermittle deinen ökologischen Fußabdruck. Beantworte dazu folgende ausgewählte Fragen und schreibe die für dich oder deine Familie zutreffende Punktzahl in die letzte Tabellenspalte ein.

	Frage	1 Punkt	3 Punkte	5 Punkte	Punkte
1.	In welcher Art Haus wohnst du?	Mehrfamilienhaus	Reihenhaus	Einfamilienhaus	
2.	Welche Art Heizung habt ihr?	Fernwärme	Etagen-/ Hausheizung	jeder Raum einzeln	
3.	Mit welchem Verkehrsmittel gelangst du zur Schule?	Fahrrad (oder zu Fuß)	Bus	PKW	
4.	Wie oft bist du bisher in den Urlaub geflogen?	gar nicht/1 mal	2 - 4 mal	mehr als 5 mal	
5.	Wie oft isst du in der Woche Fleisch/Wurst?	gar nicht oder 1 mal/Woche	2 - 3 mal/ Woche	täglich	
6.	Wie oft werft ihr Nahrung weg?	gar nicht/ sehr selten	kommt mitunter vor	öfter	
7.	Wie oft wechselst du dein Handy?	alle 2 Jahre	jedes Jahr	2 - 3 mal im Jahr	
8.	Wie viele Stromsparlampen nutzt ihr zu Hause?	(nahezu) überall	zur Hälfte	gar keine oder 1 - 2	
				Gesamtpunktzahl:	

Auswertung:
8 – 16 Punkte: Du lebst nachhaltig und trägst zur Erhaltung der Erde bei.
17 – 29 Punkte: Dein Fußabdruck liegt im deutschen Durchschnitt, ist aber zur Erhaltung der Erde zu groß.
30 – 40 Punkte: Du lebst auf „zu großem Fuß“. Denke über eine Veränderung deiner Lebensweise nach.
Hinweis: Wenn du mehr über deinen ökologischen Fußabdruck erfahren willst, berechne ihn mithilfe des Internets.

1. Arbeit an Begriffssystemen

Streiche in den Begriffsreihungen den jeweils nicht dazu passenden Begriff durch. Bilde Oberbegriffe.

	Oberbegriff
a) Hydrosphäre, Atmosphäre, Biosphäre, Lithosphäre, Anthroposphäre, Pedosphäre	
b) Sahel-Syndrom, Massentourismus-Syndrom, Raubbau-Syndrom, Suburbia-Syndrom, Katanga-Syndrom	
c) Tertiär, Pleistozän, Quartär, Perm, Karbon, Jura, Kreide, Devon, Silur	
d) Sonne, Wind, Wellen, Erdwärme, Eis, Gezeiten, fließendes Wasser	

2. Plattenbewegungen

a) Skizziere die drei Bewegungsrichtungen von Erdplatten.

b) Nenne je ein regionales Beispiel.

3. Gesteine als Ergebnis endogener oder exogener Prozesse

a) Nimm eine Einteilung der Gesteine vor und ordne ihnen Basalt, Granit, Kalkstein, Marmor, Sandstein und Schiefer zu (Gesteinssammlung deiner Schule und Internet).

b) Nenne Verwendungsmöglichkeiten.

c) Gib an, durch welche Prozesse (endogen oder exogen) die Gesteine der Gesteinsgruppen entstanden sind.

Gesteinsgruppen

•	•	•
•	•	•
Verwendung:	*Verwendung:*	*Verwendung:*
Prozess:	*Prozess:*	*Prozess:*

Bevölkerungsentwicklung

1. a) Gestalte ein Kurvendiagramm zur Entwicklung der Bevölkerung der Kontinente Asien, Afrika und Europa. Benutze verschiedene Farben.
b) Begründe die unterschiedlichen Entwicklungen.

Kontinent/Jahr	**1750**	**1800**	**1850**	**1900**	**1950**	**2000**	***2050**
Asien	502	635	809	947	1403	3458	5428
Afrika	106	107	111	133	224	832	2000
Europa	163	203	276	408	549	727	603
Lateinamerika	16	24	38	74	166	482	806
Angloamerika	2	7	26	82	166	293	438
Australien/Ozeanien	2	2	2	6	13	31	47

(Quelle: Vereinte Nationen, Angaben in Millionen), *Prognose

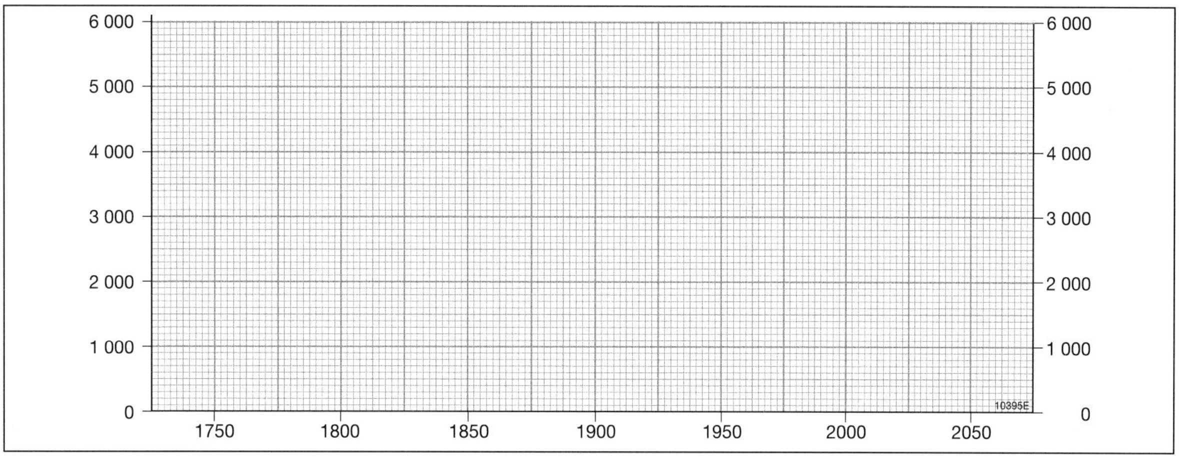

Begründung: ____

____

____

2. Richtig oder falsch?
Prüfe die Richtigkeit der Aussagen. Berichtige die falschen Sätze.

	Aussage	**richtig**	**falsch**	**Berichtigung**
a)	Auf der Erde leben rund sieben Milliarden Menschen.			
b)	Die Bevölkerung der Entwicklungsländer schrumpft.			
c)	In Nepal lebt die älteste Bevölkerung.			
d)	Deutschland ist ein Einwanderungsland.			
e)	Migration bedeutet Bevölkerungswanderung.			
f)	Das Suburbia-Syndrom beschreibt Hungerprobleme.			
g)	Land Grabbing bedeutet „Nahrungsmittel-Klau“.			
h)	In Sachsen-Anhalt wird eine Gen-Kartoffel angebaut.			

Ressourcen: Boden und Wasser

1. Nenne Folgen der Bodendegradation und Beispiele dafür (weltweit bzw. aus deinem näheren Umfeld).

Folge:

Beispiel:

Folge:

Beispiel:

Bodendegradation

Ursachen:

-
-

Folge:

Beispiel:

Folge:

Beispiel:

Folge:

Beispiel:

2. Ermittle je drei Wasserüberschuss- und Wassermangelgebiete auf der Erde.
Nenne Ursachen für ihre Verbreitung.

Wasserüberschussgebiete:

Wassermangelgebiete:

Ursachen:

Ursachen:

Nachhaltiger Umgang mit Ressourcen: Befragung

Führt eine Befragung zum Verbrauch von Ressourcen durch.

1. Wählt Personen oder eine Einrichtung aus, mit denen bzw. an der ihr die Befragung durchführen wollt (z. B. Gemeindeverwaltung, Jugendclub, Betrieb, eigene Schule, Privathaushalte).
2. Führt die Befragung durch. Nutzt die Tipps zur Durchführung einer Befragung.
3. Wertet die Ergebnisse aus und präsentiert sie.

Angabe zur untersuchten Einrichtung

1. Name: ______________________________

2. Zweck: ______________________________

3. Anzahl der Personen: ______________________________

Wasserverbrauch

Gesamtjahresverbrauch: ______________

Anzahl der Wasserquellen: ______________

Art der Wasserquellen: ______________

Art der Wasserversorgung:

☐ zentral ☐ Zweckverband ☐ Brunnen

☐ ______________

Mängel: ______________

____

Sparmaßnahmen: ______________

____

____

____

____

____

Verbrauch an Wärmeenergie

Gesamtjahresverbrauch: ______________

Energiequelle:

☐ Zentralheizung ☐ Hausheizung

☐ Etagenheizung ☐ Ofenheizung

Energieträger:

☐ Erdgas ☐ Heizöl ☐ Kohle ☐ Holz

☐ Strom ☐ Erdwärme ☐ Biogas ☐ Sonne

Anzahl der Heizkörper: ______________

Art der Heizkörper:

☐ Fußbodenheizung ☐ Radiatoren

☐ Konvektoren ☐ Kamin ☐ Ofen

Raumtemperaturen: ______________

Mängel: ______________

____

Sparmaßnahmen: ______________

____

Verbrauch an Elektroenergie

Gesamtjahresverbrauch: ______________

Anzahl der Räume: ________ Raumfläche: ________

Anzahl von Leuchtquellen: ________ /elektrischen Geräten: ________

Gesamtleistung der Leuchtquellen/Geräte: ________

Art der Leuchtquellen:

Anzahl von Energiesparlampen: ______ Watt: ______

Anzahl von Leuchtstoffröhren: ______ Watt: ______

Anzahl von Glühlampen: ______ Watt: ______

Mängel: ______________

____

Sparmaßnahmen: ______________

____

Abfallentsorgung

vorrangig anfallende/r Reststoffe bzw. Müll:

☐ Altpapier ☐ Altglas ☐ Metallschrott

☐ Biomüll ☐ Brauchwasser ☐ Elektroschrott

☐ ______________

Art der Entsorgung:

Mülltrennung: ☐ ja ☐ nein

☐ zentrale Abholung ☐ Eigenkompostierung

☐ Schadstoffsammlung ☐ Sammelstellen

☐ Kanalisation ☐ Wasserauffanggrube

☐ ______________

weitere Verarbeitung/Verwendung:

☐ Recycling ☐ Verbrennung

☐ Deponierung ☐ Kläranlage

Klimawandel

1. Nenne Ursachen des Klimawandels. Ziehe ein Fazit.

Klimawandel

naturbedingte Ursachen	**anthropogen bedingte Ursachen**
______________________	______________________
______________________	______________________
______________________	______________________

Fazit: ____

____

____

____

2. Kennzeichne Gebiete in der Karte, in denen die genannten Folgen des Klimawandels auftreten. Nutze auch das Internet. *Beachte:* Mehrfache Kennzeichnungen sind möglich.

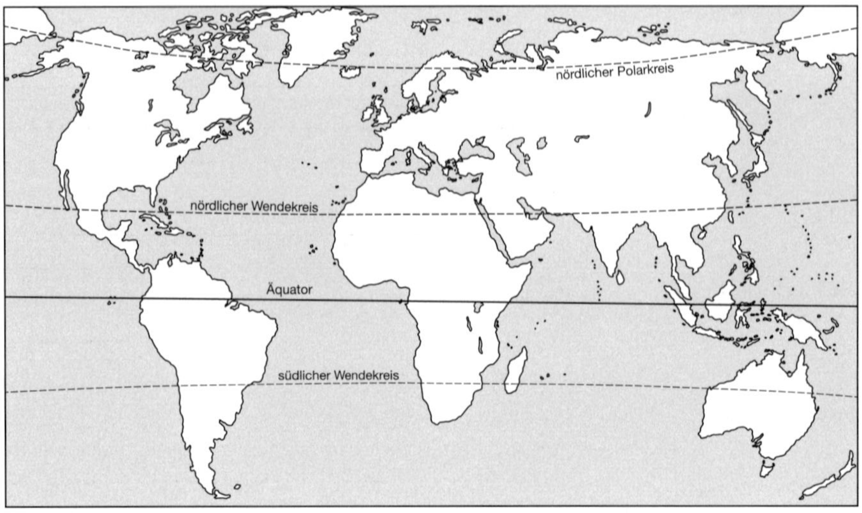

① Es treten zunehmend mildere, feuchtere Winter und trockenere Sommer auf.

② Wirbelstürme nehmen weltweit an Intensität und Häufigkeit zu.

③ Steigende Meerestemperaturen gefährden weltweit die Korallenriffe.

④ Das Inlandeis und die Gebirgsgletscher schmelzen stärker ab: In der Schweiz wird versucht, die Gletscher mit Folien vor den Sonnenstrahlen zu schützen.

⑤ Durch Waldrodungen werden große Mengen an CO_2 und Methan freigesetzt.

⑥ Der Meeresspiegel steigt an. „Land unter" zum Beispiel für die Malediven und Teile der westeuropäischen Küste.

Schulbuchseiten: 225 und 230

Klimawandel

1. Benenne das in der Karikatur dargestellte globale Problem und werte die Karikatur aus.

Globales Problem ______________________________

Auswertung

____

____

____

____

2. Entscheide dich. Kreuze an.

(1) Die Wetterschicht ist die
a) Atmosphäre. c) Troposphäre.
b) Hydrosphäre. d) Ozonschicht.

(2) Die Versauerung der Meere ist eine Folge
a) der Erderwärmung.
b) des Meeresspiegelanstiegs.
c) des Korallensterbens.
d) des Abschmelzens der Gletscher.

(3) Eine bedeutende Weltklimakonferenz fand 1997 statt in
a) London. c) Rio de Janeiro.
b) Cancún. d) Kyoto.

(4) Ein wichtiger Kohlendioxidspeicher ist
a) das Weltmeer. c) die Wüste.
b) das Gletschereis. d) die Ozonschicht.

3. Fertige eine Kausalkette mithilfe der Schlagwörter im Schulbuch, Seite 241, Aufgabe 3 an.

Globale Ungleichheiten

1. Kennzeichne mit zwei unterschiedlichen Farben die zehn reichsten und zehn ärmsten Länder der Erde (BNE je Einw. in US-$) in der Kartenskizze.

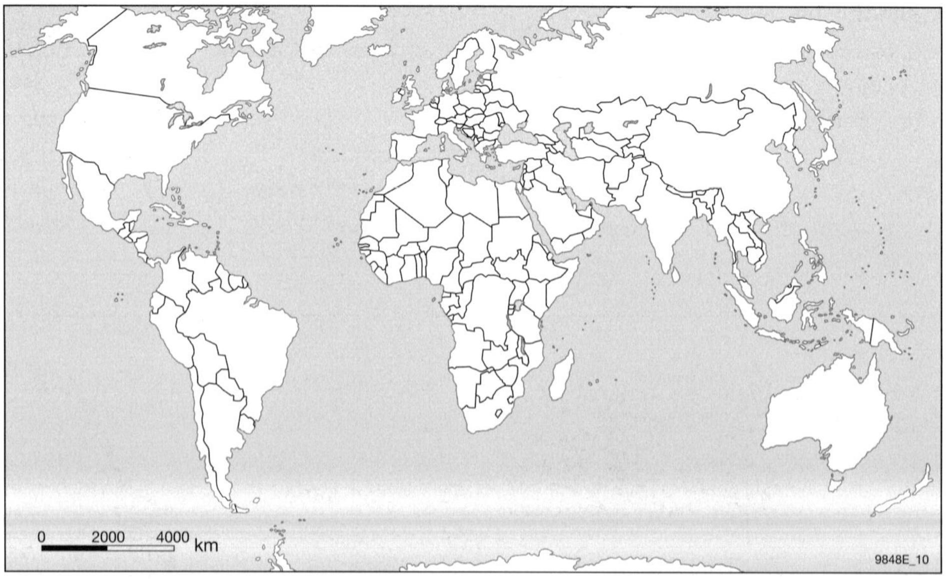

Die reichsten Länder der Erde (BNE je Einw. in US-$)

Land	2009
Norwegen	84 640
Luxemburg	76 710
Schweiz	65 430
Dänemark	59 060
Schweden	48 840
Niederlande	48 460
Österreich	46 450
USA	46 360
Finnland	45 940
Belgien	45 270

Die ärmsten Länder der Erde (BNE je Einw. in US-$)

Land	2009
Guinea	370
Simbabwe	360
Niger	340
Sierra Leone	340
Äthiopien	330
Eritrea	320
Malawi	290
DR Kongo	160
Liberia	160
Burundi	150

Quelle: Weltbank 2011, In: Fischer WA 2012, Seite 30

2. Beschreibe die Lage der reichen und der armen Länder der Erde.

3. Wähle drei Formen der Entwicklungszusammenarbeit (Schulbuch, Seite 248, M2) aus und gib jeweils ein aktuelles Beispiel an. Informiere dich dazu in den Medien.

Formen	Aktuelles Beispiel

Teste dich

1. Kreuze die richtigen Antworten an.

a) Die landwirtschaftliche Übernutzung von Regionen verbunden mit ländlicher Armut wird beschrieben mit dem

- ☐ Aralsee-Syndrom.
- ☐ Sahel-Syndrom.
- ☐ Favela-Syndrom.
- ☐ Raubbau-Syndrom.

b) Der ökologische Fußabdruck beschreibt

- ☐ den Ressourcenverbrauch.
- ☐ die Auswirkungen des Tourismus.
- ☐ die wachsende Weltbevölkerung.
- ☐ den Flächenbedarf der Menschen.

c) Die Verschlechterung der Bodenqualität wird bezeichnet als

- ☐ Desertifikation.
- ☐ Disparitäten.
- ☐ Degradation.
- ☐ Transition.

d) Das Land mit dem höchsten HDI-Index ist

- ☐ Deutschland.
- ☐ Norwegen.
- ☐ Schweden.
- ☐ Japan.

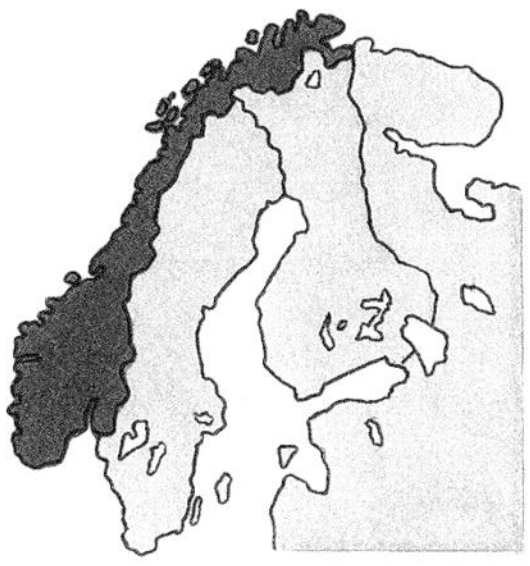

2. Prüfe die Richtigkeit der Aussagen und kreuze an. Berichtige die Fehler (falls erforderlich).

	Aussage	richtig	falsch	Berichtigung
a)	Syndrome sind typische Ursache-Wirkungsmuster im System Erde.			
b)	Das bevölkerungsreichste Land der Erde ist Indien.			
c)	Die Umweltkonferenz 1992 fand in Kairo statt.			
d)	Biogas ist eine erneuerbare Ressource.			
e)	Qualifizierte Arbeitskräfte zählen zu den weichen Standortfaktoren.			
f)	Das Modell der langen Wellen stammt von Alfred Weber.			

3. Löse das Rätsel.

① Syndrom, verbunden mit Landwirtschaft
② bedeutende fossile Ressource
③ exogene Kraft und Energieträger
④ wasserarmer Kulturerdteil
⑤ verwitterter Teil der Erdkruste

Lösung:

______________________________ (ö = oe)

Selbsteinschätzung: Kompetenzentwicklung

1. Schätze deinen Stand der Kompetenzentwicklung selbstkritisch ein.

2. Ziehe für dich ein Fazit.

Kompetenzen		1	2	3	4	Punkte
SACHKOMPETENZ	Ich kann Syndrome des Globalen Wandels nennen und an Beispielen erläutern.					
	Ich kann endogene Prozesse und das Wirken exogener Kräfte erläutern und deren Folgen aufzeigen.					
	Ich kann die Verteilung und Entwicklung der Weltbevölkerung erläutern.					
	Ich kann Ursachen von Hunger benennen und Maßnahmen zur Ernährungssicherung erörtern.					
	Ich kann Klimaveränderungen und deren Ursachen und Auswirkungen analysieren.					
	Ich kann Zusammenhänge zwischen Natur- und Anthroposphäre erläutern.					
MEDIEN- UND METHODEN-KOMPETENZ	Ich kann mit dem Atlas arbeiten und unterschiedliche Karten auswerten.					
	Ich kann Medien zweckentsprechend auswählen, ihnen Informationen entnehmen und mich kritisch mit den Inhalten auseinandersetzen.					
	Ich kann Karten- und Profilskizzen anfertigen.					
	Ich kann eine Raumanalyse vor Ort (im Rahmen einer Exkursion) planen, durchführen und auswerten.					
	Ich kann Diagramme lesen und auswerten.					
	Ich kann Gesteine Gesteinsgruppen zuordnen und deren Nutzungsvielfalt aufzeigen.					
	Ich kann Beziehungsgeflechte auswerten und selbst erstellen.					
	Ich kann mit Zukunftsszenarien arbeiten und selbst welche anfertigen.					
SOZIALKOMPETENZ	Ich bin in der Lage, im Team zu arbeiten.					
	Ich äußere konstruktive Kritik, akzeptiere aber auch eine sachliche Kritik Anderer.					
	Ich kann geographische Sachverhalte unter Verwendung der Fachsprache und verschiedener Darstellungsformen aufbereiten und präsentieren.					
	Ich kann mich in Gesprächen über raumbezogene Problemstellungen austauschen.					
LERN-KOMPETENZ	Ich kann die Bearbeitung von Aufgaben unter Beachtung vorhandener Zeit- und Materialressourcen selbstständig planen und organisieren.					
	Ich kann Probleme in Arbeitsabläufen erkennen und Schlussfolgerungen für deren Beseitigung ziehen.					
	Ich kann meine Stärken und Schwächen benennen.					

1 = trifft gar nicht zu   2 = trifft weniger zu   3 = trifft eher zu   4 = trifft voll zu